Susanne Doser

30 Minuten

Interkulturelle Kompetenz

Bibliografische Information der Deutschen Nationalbibliothek

Die Deutsche Nationalbibliothek verzeichnet diese Publikation in der Deutschen Nationalbibliografie; detaillierte bibliografische Daten sind im Internet über http://dnb.d-nb.de abrufbar.

Umschlaggestaltung: die imprimatur, Hainburg
Umschlagkonzept: Martin Zech Design, Bremen
Lektorat: Diethild Bansleben, Offenbach
Satz: Zerosoft, Timisoara (Rumänien)
Druck und Verarbeitung: Salzland Druck, Staßfurt

© 2006 GABAL Verlag GmbH, Offenbach
6., überarbeitete Auflage 2018

Hinweis:
Das Buch ist sorgfältig erarbeitet worden. Dennoch erfolgen alle Angaben ohne Gewähr. Weder Autorin noch Verlag können für eventuelle Nachteile oder Schäden, die aus den im Buch gemachten Hinweisen resultieren, eine Haftung übernehmen.

Printed in Germany

ISBN 978-3-86939-397-4

In 30 Minuten wissen Sie mehr!

Dieses Buch ist so konzipiert, dass Sie in kurzer Zeit prägnante und fundierte Informationen aufnehmen können. Mithilfe eines Leitsystems werden Sie durch das Buch geführt. Es erlaubt Ihnen, innerhalb Ihres persönlichen Zeitkontingents (von 10 bis 30 Minuten) das Wesentliche zu erfassen.

Kurze Lesezeit
In 30 Minuten können Sie das ganze Buch lesen. Wenn Sie weniger Zeit haben, lesen Sie gezielt nur die Stellen, die für Sie wichtige Informationen beinhalten.

- Alle wichtigen Informationen sind blau gedruckt.

- Schlüsselfragen mit Seitenverweisen zu Beginn eines jeden Kapitels erlauben eine schnelle Orientierung: Sie blättern direkt auf die Seite, die Ihre Wissenslücke schließt.

- *Zahlreiche Zusammenfassungen innerhalb der Kapitel erlauben das schnelle Querlesen.*

- Ein Fast Reader am Ende des Buches fasst alle wichtigen Aspekte zusammen.

- Ein Register erleichtert das Nachschlagen.

Inhalt

Vorwort

Immer schon reisten Eroberer und Kaufleute, Missionare und Gesandte, Forscher und Abenteurer in ferne Länder. Den Daheimgebliebenen schrieben sie ihre Abenteuer auf und schilderten ihre Begegnungen mit dem Fremden durch die eigene „Kulturbrille", was nicht selten zu Verzerrungen führte.

Dieses Buch soll Ihnen eine Landkarte sein und helfen, Ihre eigenen interkulturellen Erfahrungen, Gedanken und Gefühle zu erkennen und festzuhalten.

Der Umgang mit Menschen anderer Kulturen, ihre Verhaltens- und Denkweisen lösen in uns nicht selten Verwirrung und Erstaunen aus, wenn sie uns nicht sogar schockieren.

In jeder Kultur haben Menschen ihre eigene Art und Weise, sich auszudrücken, Ärger zu zeigen, mit Traurigkeit umzugehen, Konflikte zu schlichten, Respekt, auch Liebe zu zeigen oder mit Sexualität umzugehen.

Ziel dieses Buches ist es, Ihre interkulturelle Kompetenz zu erweitern und Sie stärker für Unterschiede zu sensibilisieren, Ihre Wahrnehmung für Werte und Normen anderer Kulturen zu schulen, sie zu respektieren, zu tolerieren und bei Bedarf auch leben zu können.

Ausländer, die in Deutschland leben, und Deutsche, die im Ausland leben bzw. lebten, berichten Ihnen von ihren Erfahrungen. Diese Informationen, Übungen und die Darstellung der Forschungsergebnisse von Fachleuten sollen Ihnen helfen, sich im internationalen Umfeld sicher und erfolgreich zu bewegen.

Ich wünsche Ihnen viel Spaß auf Ihrer „Reise" durch dieses Buch und auf Ihrem Weg zu mehr interkulturel-ler Kompetenz.

Bon voyage!

Susanne Doser

30 MINUTEN

1. Die interkulturelle Herausforderung

Selten handeln Menschen willkürlich und spontan. Das Verhalten ist immer auch von den in der Gesellschaft geltenden und gelebten Werten und Einstellungen geprägt. Nur wer diese kennt, ist in der Lage, die Erwartungen der anderen Kultur und deren Verhaltensweise vorherzusehen. Ebenso gibt es für das Verhalten eines Menschen immer einen guten Grund. Die Erkenntnis darüber hilft, sich anzupassen und erfolgreicher in der neuen Kultur zu leben und zu arbeiten.

1.1 Die Notwendigkeit internationalen Handelns

Aufgrund zunehmender Internationalisierung sind Unternehmen gezwungen, sich mit fremden Ländern, Kulturen, Wirtschafts- und Sozialsystemen auseinanderzusetzen. Unternehmenskulturen werden von den Menschen geschaffen, die ihre Werte und Verhaltensweisen in Unternehmen tragen.

Die Fach- und Führungskräfte international operierender Unternehmen haben erkannt, dass sie nicht nur über juristischen, fachlichen und wirtschaftlichen Sachverstand und Fremdsprachenkenntnisse verfügen müssen, sondern dass es ebenso wichtig ist, das eigene Verhalten an interkulturellen Standards ausrichten zu können. Dies fördert ein erfolgreiches Agieren in einer fremdkulturell geprägten Umwelt.

Wer als Unternehmen international bestehen will, muss vorausschauend einschätzen können, welche Auswirkungen kulturelle Unterschiede auf die Kommunikation im Allgemeinen, auf Managementpraktiken, individuelle Arbeitseinstellungen oder Verhandlungsführung haben.

1.2 Der Begriff Kultur

Es gibt viele Kulturdefinitionen. In diesem Buch betrachten wir jedoch weniger Musik, Kunst oder Literatur, sondern Einstellungen, Glauben, Werte und Verhalten. Verschiedene Modelle wurden bereits zur Darstellung von Kultur entwickelt. Ein sehr bekanntes Modell ist das des kulturellen Eisbergs. Ein Eisberg hat eine sichtbare Spitze, die über der Wasseroberfläche liegt. Ein wesentlich größerer Teil des Eisbergs jedoch, der nicht sofort sichtbare Teil, liegt unterhalb der Wasseroberfläche. Man kann also sagen: Kultur hat einige sichtbare, sofort erkennbare Aspekte und andere, die man nur vermuten und intuitiv erahnen kann.

Kultur ist wie ein Eisberg mit sofort sichtbaren Aspekten und den weit größeren unsichtbaren unterhalb der Wasseroberfläche.

Stoßen zwei Eisberge aufeinander, so entstehen Konflikte. Diese Konflikte liegen zumeist im Bereich unterhalb der Wasseroberfläche.

Übung

Die aufgelisteten Aspekte sind Kulturmerkmale. Übertragen Sie die Nummern der Aspekte, von denen Sie glauben, dass sie sichtbar sind, in den oberen Teil des Eisbergs (oberhalb der Wasseroberfläche). Die Aspekte, von denen Sie glauben, dass sie unsichtbar sind, tragen Sie in den unteren Teil des Eisbergs (unterhalb der Wasseroberfläche) ein.

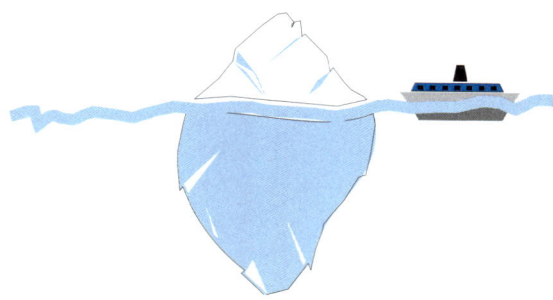

1. Gemälde
2. Umgang mit natürlichen Ressourcen
3. Bedarf an persönlichem Raum
4. Vorstellung zur Kindererziehung
5. Führungsverständnis
6. Ich-Bewusstsein
7. Urlaubsgewohnheiten
8. Fairness-Begriff
9. Verständnis von Freundschaft
10. Verständnis von Bescheidenheit
11. Literatur
12. Essgewohnheiten
13. Umgang mit Zeit
14. Werte
15. Gesten
16. Speisen
17. Arbeitsmoral
18. Schönheitsbild
19. Musik
20. Kleidungsstil
21. Weltanschauung
22. Religiöser Glaube
23. Religiöse Rituale
24. Mimik
25. Umgangsformen

(Mögliche Antworten auf der Seite 92)

Es besteht eine Beziehung zwischen den Aspek-
ten, die oberhalb der Wasseroberfläche liegen,
und den Aspekten unterhalb der Wasseroberflä-
che. In den meisten Fällen beeinflussen die Aspek-
te unterhalb der Wasseroberfläche die oberhalb
liegenden. So beeinflussen beispielsweise die
Essgewohnheiten die Speisen oder der religiöse
Glaube dessen Rituale.

30

1.3 Interkulturelle Fehlinterpretationen

Wann und wie lernen Menschen, was gut und was böse ist? An welchen Strukturen orientieren Sie sich?
In der Kindheit werden die Grundmuster kultureller Verhaltensweisen, Werte und Glaubenssätze erlernt. Der Vorgang des Lernens, auch bekannt als kulturelle Konditionierung, verläuft in allen Kulturen ähnlich.
Von klein auf lernen wir geltende Werte, Glaubenssätze und Verhaltensweisen. Dies erklärt, warum Menschen aus verschiedenen Kulturen auf ein und dieselbe Situation unterschiedlich reagieren und doch absolut davon überzeugt sein können, dass ihre Handlungsweise die richtige ist.
Je nachdem wie wir gelernt haben zu sehen, riechen, fühlen, schmecken und hören, nehmen wir unsere Umwelt wahr. Unser Gehirn interpretiert die Wahrneh-

mung basierend auf den gelernten Mustern und liefert uns so unsere einzigartige Realität.

Dies erklärt, warum dieselbe Situation beispielsweise von Kindern und Erwachsenen, Frauen und Männern, Amerikanern und Deutschen anders beschrieben werden kann. Neben der Persönlichkeit des Menschen und der Situation, in welcher dieser handelt, ist die Art der Interpretation und Bedeutung auch kulturabhängig.

Übung

Schauen Sie sich dieses Symbol an:

Ist Ihnen beim ersten Mal aufgefallen, dass der englische Buchstabe „A" zwei Mal genannt wurde? Dies ist ein Beispiel dafür, wie wir wahrnehmen. Die meisten Menschen überlesen das zweite „A". Sie haben gelernt, einen Satz als Ganzes zu erfassen. Es gibt Menschen, die haben gelernt, auf Details zu achten oder sind geschult Abweichungen im Ganzen zu erkennen. Für diese muss es sich um einen Tippfehler handeln. Sie erkennen das zweite „A" sofort.

Jeder Mensch nimmt seine Umwelt anders wahr und lebt demzufolge in seiner eigenen Realität. Diese Realität gilt es zu erfassen, um Ursachen, Hintergedanken und Handlungen verstehen zu können und um Fehlinterpretationen zu vermeiden. Nur wenn die beabsichtigte Handlung richtig vom Beobachter interpretiert wird, entsteht eine erfolgreiche Kommunikation.

Stereotype sind gefestigte Ideen oder Vorstellungen, die viele Menschen von einem speziellen Personentyp haben, welcher aber der Realität nicht entsprechen muss. Das Wort Stereotyp stammt aus dem Buchdruck. Verallgemeinerungen und Kategorisierungen sind sinnvoll und dienen der Orientierung. Werden diese jedoch zu rigide verfolgt, so stellen sie eine Barriere dar und ermöglichen keine erfolgreiche Interpretation der Situation.
Innerhalb einer Kultur herrscht immer eine Bandbreite an gelebten Einstellungen, Glaubenssätzen, Werten und Verhaltensweisen.
In der Kindheit werden die Grundmuster gelernt.

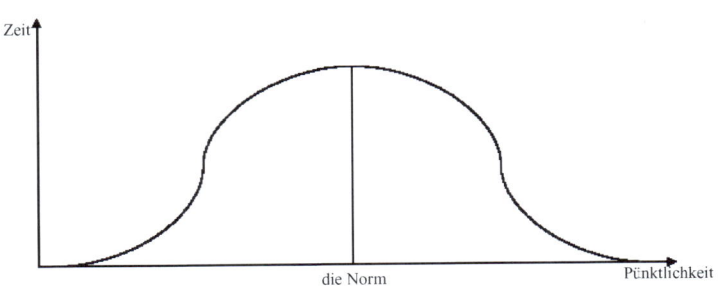

Treffen wir einen Menschen zum ersten Mal, so wissen wir nicht, welche Punkte auf der Kurve seinem Charakter entsprechen. Auch in Deutschland gibt es Menschen, die immer vor dem vereinbarten Zeitpunkt anwesend sind, und es gibt Menschen, die stets unpünktlich sind. Die Tendenz der Deutschen allgemein jedoch ist Pünktlichkeit.

Es sind die wissenschaftlich erhobenen interkulturellen Tendenzen, von denen in diesem Buch berichtet wird.

- *Kulturelle Unterschiede haben Auswirkungen auf die Kommunikation, auf Managementpraktiken, Arbeitseinstellungen oder Verhandlungsführungen.*
- *Kultur ist mit einem Eisberg vergleichbar. Konflikte entstehen zumeist unterhalb der Wasseroberfläche, d. h. im Bereich der Werte, Verhaltensweisen und Glaubenssätze.*
- *Grundmuster kulturbedingter Verhaltensweisen werden in der Kindheit gelernt.*
- *Die Realität des Partners muss erfasst werden, damit dessen Handlungen und Hintergedanken richtig verstanden und Fehlinterpretationen vermieden werden.*

30 MINUTEN

2. Interkulturelle Kompetenz

> *„Wer nicht weiß, woher er kommt,*
> *weiß nicht, wohin er geht,*
> *weiß daher nicht, wo er steht."*
> Otto von Habsburg

Die Erfahrungen haben uns gelehrt, dass unser Verhalten im Allgemeinen von anderen akzeptiert wird und damit richtig ist. Wenn man keine oder nur geringe Kenntnisse über die andere Kultur hat, wird die interkulturelle Begegnung nach dem eigenen Orientierungsmuster eingesetzt. Eigene Erwartungen und Vorstellungen werden als normal bewertet. Man denkt nicht daran, dass es verschiedene Varianten der Lebens- und Arbeitsweisen gibt, sondern hält die eigene und vertraute für die einzig mögliche und vernünftige.

Handelt der ausländische Partner ebenfalls nach seinen eigenen Lebens- und Arbeitsweisen, so kommt es bei einer Fortsetzung der Zusammenarbeit häufig zu kritischen, konflikthaft verlaufenden und als belastend erlebten Situationen.

Beide Partner werden versuchen, ihr eigenes Verhalten nach dem ihnen vertrauten Orientierungssystem zu regulieren, zu kontrollieren und so zu bewerten, dass es für sie selbst sinnvoll ist.

30 *Es kommt zu Fehlaktionen und Fehlreaktionen, mehrdeutigen Situationen, Missverständnissen, Verunsicherungen und im Extremfall zur Handlungsunfähigkeit. Um das fremdkulturelle Orientierungssystem zu verstehen, betrachten wir zunächst das eigene.*

2.1 Deutsche Werte und Verhaltensmerkmale und deren Auswirkungen im internationalen Umfeld

Die Geschichte einer Nation prägt die in ihr lebenden Menschen. Kontinuierliche existentielle Erschütterungen, die Generationen von Deutschen bis in die jüngste Zeit heimgesucht haben, gaben und geben ihnen oft das Gefühl der Ohnmacht. Dies hat in Deutschland jedoch nicht zu Desinteresse geführt, sondern zu erhöhter Vorsicht.

In den letzten 1000 Jahren wurden die deutschen Reiche durch verschiedenste Herrschaftsformen regiert. Wiederholt erlebten, durchlitten und überlebten Menschen politische und religiöse Kriege, territoriale Zersplitterungen, Wiedervereinigungen, Landreformen, kirchliche und weltliche Herrscher und Herrschaftsformen.

Die Reformation durch Martin Luther 1517 setzte eine geistige und teilweise politisch revolutionäre Bewegung in Gang. Es folgte ein wirtschaftlicher Aufschwung zur Zeit des Königtums Preußen. Dieser Aufschwung wurde in der jüngeren Geschichte abgelöst von mehrfachen existenziellen Erschütterungen: soziale Verwerfung im Zeitalter der Industrialisierung, zwei Weltkriege, in denen Menschen Inflation, Not, Leid, Hunger und Trauer erlebten. Und erneut folgte ein Aufschwung, der Aufschwung der Wirtschaftswunder-Nachkriegszeit.

Spezifische Orientierungshilfen zur Beschreibung einer Kultur sind Kulturstandards. Diese Kulturstandards wurden über Generationen hinweg in mehr oder weniger veränderter Form weitergegeben und haben Einfluss auf fast alle Lebensbereiche. Diese Kulturstandards zeigen vorherrschende Tendenzen auf. Sie liefern keine Aussage über die Einstellungen und Verhaltensweisen einzelner Angehöriger einer nationalen Gruppe. Es gibt kein Individuum, das im Denken, Handeln und Fühlen jederzeit exakt seinen Kulturstandards entspricht. Sogar die vorherrschenden Charakterzüge einer Person schwanken je nach Stimmung oder Rolle.

Die nachfolgend aufgeführten Kulturstandards wurden von nicht-deutschen Kulturen im beruflichen Kontext als „typisch deutsch" bezeichnet. Neben der Erklärung der Kulturstandards gehen wir auf deren Ursprung, Vor- und Nachteil ein. Es werden Beispiele und typische Sprichwörter genannt; letztere verkörpern die gelebten Werte einer Kultur.

Sachlichkeit

Erklärung: Bevorzugung von Fakten gegenüber Empfindungen

Ursprung: Tradition in den jüdisch-christlichen Ländern; Verstärkung durch den Protestantismus. Übersetzung der Bibel in die deutsche Sprache ermöglicht den Zugang für jedermann. Verschiebung der Religiosität auf die intellektuelle Ebene, sachliche und rationale Hinterfragung derselben. Zum Wohl des gesamten Staates erfolgt die Schaffung einer sachbezogenen und methodisch ausgerichteten Arbeit, der Bürokratie.

Vorteil: Fixierung auf sachliche Aspekte; Sachargumente entscheiden; schnelle Zielerreichung möglich

Nachteil: Ausschaltung von individuellen Befindlichkeiten; Reserviertheit gegenüber persönlichen Bedürfnissen

Beispiel: Entscheidung ausschließlich zugunsten der Sache, wenig Rücksicht auf den einzelnen Menschen. Strenge Trennung von Persönlichkeits- und Arbeitsbereich. Der beruflichen Pflicht wird durch Selbstdisziplin

nachgekommen, selbst wenn man persönliche Probleme hat.

Sprichwort: „Lass die Kirche im Dorf."

Ordnung, Struktur, Planung und Regeln

Erklärung: Bevorzugung von Ordnung, detaillierter
Zeitplanung, Struktur, Regeln und Organisation im persönlichen Bereich und Ar-
beitsleben.

Ursprung: Den Zusammenhalt fördernde und überle-
benswichtige Regeln. „Im Verlauf seiner
Geschichte hat Deutschland so viele Zeiten
der Wirren und des Chaos erlebt, dass es
die Segnung der Ordnung schätzen gelernt
hat" (Gorski, 1996, S. 96). Unruhe verstärkt
die Sehnsucht nach Stabilität und Ordnung,
nach der Einhaltung von Gesetzen und Ver-
ordnungen zum Wohl der Allgemeinheit.

Vorteil: Vorhersehbare, berechenbare, systemati-
sche und kontrollierbare Handlungen und
Verhaltensweisen

Nachteil: Starr, inflexibel, korrigierend auftretende
Menschen; „Besserwisser-Eindruck"

Beispiel: Anstelle von Willkommenssignalen weisen
unbeteiligte Bürger auf die Einhaltung der
„Ordnung" hin, auf die Hausordnung, Mit-
tags- und Sonntagsruhe, Fahr- und Parkver-
bote. Standardisierung von Firmenabläufen,
klare Stellenbeschreibungen, definierte Zu-

ständigkeits- und Kompetenzbereiche, festgelegte Informationsflüsse und Prozessabläufe, Formulare. Strenge Einhaltung von Zeitplänen und hohe Frustration, wenn Termine unerwartet länger dauern oder kurzfristig verschoben werden.

Sprichwort: „Pünktlichkeit ist die Tugend der Könige." „Was du heute kannst besorgen, das verschiebe nicht auf morgen."

Gründlichkeit und Pflichtbewusstsein

Erklärung: Deutsche planen, organisieren und strukturieren aus Überzeugung und können daraus auch ihre Motivation und Identifikation zur Tätigkeit ziehen.

Sie nehmen ihre Arbeit, Rolle und Aufgabe sehr ernst. Aus einer guten Aufgabenerfüllung ziehen sie ihre Befriedigung.

Ursprung: Seit jeher werden gottgegebene Gesetze ohne Anzweifeln, Hinterfragen oder Entlohnung befolgt, z. B. die Zehn Gebote.

Der einzelne Mensch ist für seine eigenen Sünden und dem eigenen Gewissen gegenüber verantwortlich. Der Protestantismus verstärkte die Gewissensbildung. Er schaltete die Kirche als Vermittlungsinstanz zwischen Menschen und Gott, als Vergeber der Sünden und Fürsprecher aus. In der Zeit der Industrialisierung wurde das erfolgreich gelebte militärische Verhaltensmodell von Pflicht, Ordnung und Gehorsam übernommen. Eigeninitiative und Selbstdisziplin, Sorgfalt und Güte bei der Arbeit verhelfen zu einem guten Gewissen. Nicht die Beziehung zu Menschen ist bindend, sondern sich dem Gesetz zu unterwerfen.

Vorteil: Pflichtbewusstsein ermöglicht ein genaues, fleißiges und ausdauerndes Arbeiten; Aufgaben werden von Anfang bis Ende zielstrebig verfolgt, hierbei werden sämtliche Einflussfaktoren zuverlässig und verantwortungsbewusst beachtet; Abmachungen werden eingehalten.

Nachteil: Ernsthaftes, strenges Arbeiten, bei dem Fehler nicht erlaubt sind; Planabweichungen führen zu Ärgernis, da Kontrollverlust; Deutsche hinterlassen bei Nicht-Deutschen einen starrköpfigen, rechthaberischen Eindruck.

Beispiel: Die Erfüllung der Arbeit ist Pflicht und wird daher selten gelobt.

Trennung von Arbeits- und Lebensbereich. In Letzterem darf man loslassen und Fehler machen.

Sprichwort: „Dienst ist Dienst und Schnaps ist Schnaps."

„Ein gutes Gewissen ist ein schönes Ruhekissen."

„Nicht geschimpft ist genug gelobt."

Direkte und klare Kommunikation

Erklärung: Sachverhalte werden verbal, explizit, direkt, klar und eindeutig benannt.

Ursprung: Die europäische Logik ist eine Entweder-oder-Logik (Hofstede, 1993): Von zwei widersprüchlichen Aussagen ist mindestens eine falsch. Es gilt nun, herauszufinden, wer Recht und wer Unrecht hat. Es existiert die Vorstellung, dass es nur einen einzigen richtigen Weg gibt. Asiaten hingegen versuchen immer auch die andere Seite mit einzubeziehen, da für sie die Wahrheit nur ein Teilaspekt ist (Schroll-Machl, 2002). Luthers Kirche ist eine Kirche des Wortes (nicht des Sakramentes und der Liturgie), des gelesenen, gesprochenen, gepredigten, gesungenen Wortes. Die protestantische Kultur ist eine Kultur des Ohres, der Schrift und des Buches. Worte legen das Leben aus, Reflexion erfolgt durch die Konzentration auf das Wort (Nipperdey, 1991). Subjektives wird in Deutschland objektiviert, d. h. mit klaren, expliziten und logischen Äußerungen untermauert. Hierzu bedient man sich eines klaren und direkten Kommunikationsstils.

Vorteil: Antworten auf Fragen erfolgen direkt, klar, ehrlich, aufrichtig, ohne Hintergedanken oder Doppeldeutigkeit. Hierdurch sind Deutsche transparent und gut einschätzbar. Auf

Ursprung und den Kontext einer Aussage wird eingegangen, wodurch alle Beteiligten einbezogen werden und einen Wissensstand erhalten. Probleme werden direkt angesprochen.

Nachteil: Häufig undiplomatische, unfreundliche, humorlose Kommunikation. Gesagtes wird wörtlich genommen, wobei man sich gerne nochmals durch eine schriftliche Bestätigung rückversichert.
Keine Rücksicht auf Empfindlichkeiten.

Beispiel: Kritik und Fehler werden direkt und sofort angesprochen. Konflikte werden verbal hart ausgefochten. Exakte Erklärungen gegenüber ausländischen Kollegen werden häufig von diesen als arrogant und schullehrerhaft empfunden.

Sprichwort: „Nicht um den heißen Brei reden."

In Erhebungen und Analysen wurden von verschiedensten nicht-deutschen Kulturen u. g. als deutsche Kulturstandards genannt:
- *Sachlichkeit*
- *Ordnung, Strukturen, Planung und Regeln*
- *Gründlichkeit und Pflichtbewusstsein*
- *Direkte und klare Kommunikation*

2.2 Werte in unterschiedlichen Kulturkreisen

Die Werte werden nicht nur von den eigenen Vorstellungen geprägt, sondern sind im Wesentlichen von dem Kulturkreis bestimmt, in dem sich die Person bewegt. Gruppennormen liefern eine Vorstellung darüber, was erstrebenswert ist, und überlagern oftmals die individuellen Werte des Einzelnen.

Basierend auf verschiedenen Werten können im internationalen Geschäft folgende Fragen auftreten: Welchen Stellenwert hat Arbeit? Wie steht man zur Natur und dem Umweltschutz? Wird bei anstehenden Entscheidungen generell eher die Gruppe (z. B. Familie, Arbeitsgruppe) gefragt oder entscheidet das Individuum alleine? Welchen Stellenwert haben Kinder in der Gesellschaft? Zeigt sich die Gesellschaft eher als beziehungsdistanziert, stark, hart und kämpfend oder als beziehungsnah, sozial und füreinander sorgend? Wie risikofreundlich sind die Menschen? Wie wichtig sind materielle Dinge? Lebt man zukunfts- oder vergangenheitsorientiert? Wie geht man mit Freundschaften und mit Religionen um?

Je nach Kultur können sich Wertevorstellungen so voneinander unterscheiden, dass es Manager im Ausland außerordentlich schwer haben, richtig zu kommunizieren und damit auch richtig verstanden zu werden.

Werte, die von den eigenen gelebten abweichen, sind deshalb nicht falsch. Jede Kultur setzt ihre eigenen Akzente und Schwerpunkte (Unger, 1997, S. 27).

Viele interkulturelle und kritische Vorfälle sind auf mangelnde Berücksichtigung unterschiedlicher Wertvorstellungen zurückzuführen.

Die nachfolgende Abbildung stellt Wertvorstellungen von Amerikanern, Japanern und Arabern hierarchisch gegenüber.

US-Amerikaner	Japaner	Araber
1. Freiheit	1. Zugehörigkeit	1. Familiensicherheit
2. Unabhängigkeit	2. Gruppenharmonie	2. Familienharmonie
3. Selbststärke	3. Gruppenstärke	3. Seniorität
4. Gleichheit	4. Alter	4. Alter
5. Individualität	5. Gruppenkonsens	5. Autorität
6. Wettbewerb	6. Zusammenarbeit	6. Kompromiss
7. Effizienz	7. Qualität	7. Zuneigung
8. Zeitbewusstsein	8. Geduld	8. Viel Geduld

(Unger, 1997, S. 27)

Die unterschiedlichen Gewichtungen bestimmter Wertevorstellungen unterstreichen die Notwendigkeit, sie in interkulturelles Handeln einfließen zu lassen. Übertragen auf den Geschäftsalltag ergeben sich daraus wichtige Schlussfolgerungen, die in alle Geschäftsfelder

ausstrahlen. Wer z. B. Werbung in einem fremden Umfeld durchführen will, muss gerade im emotionalen
Bereich Werte ansprechen. Selbstverständlich sollten
es genau jene Werte sein, die in dem entsprechenden
Kulturkreis auch als bedeutend angesehen werden.

Die meisten Probleme in der internationalen Zusammenarbeit entstehen nicht dadurch, dass die Partner zu wenig voneinander wissen, sondern dass sie zu wenig Kenntnisse und Einsichten über sich selbst und ihre eigenen Werte, Normen, Wahrnehmungs-, Denk-, Urteils-, Verhaltensregeln und Alltagsgewohnheiten haben. Sie sind sich ihrer Wirkung auf Mitmenschen nicht bewusst. So reagieren ausländische Partner oft mit Unverständnis, wenn sie an Deutschen immer wieder befremdliche Verhaltensweisen beobachten.

30 MINUTEN

Wann muss ich jemandem ins Wort fallen, um selbst zu Wort zu kommen, und wann den Partner respektvoll ausreden lassen?

Seite 34

Warum reden manche Menschen immer „erst um den heißen Brei herum", andere kommen gleich zum Punkt?

Seite 35

Auf welche nonverbalen Signale sollte ich im internationalen Umgang achten?

Seite 38

3. Kommunikation und Ausdruck im interkulturellen Alltag

Bei der Abendveranstaltung des jährlich stattfindenden Treffens der Niederlassungsleiter in Deutschland macht der Geschäftsführer die neuen Niederlassungsleiter aus Finnland und Spanien miteinander bekannt. Am nächsten Tag fragt der Geschäftsführer den Finnen, welchen Eindruck er von seinem spanischen Kollegen hat. Der Finne antwortet, dass er sehr freundlich war, ihm aber keine Chance zum Reden gab. Auch den Spanier fragt der Geschäftsführer und erhält die Antwort, dass der Finne ein sehr angenehmer Mensch sei, jedoch nicht wirklich gesprächig!

Wann jemand in einem Gespräch das Wort ergreift, ist unter anderem stark von seiner Kultur abhängig. In manchen Kulturen zeugt es von Respekt, den Gesprächspartner ausreden zu lassen. In anderen ist es durchaus üblich, dem Gesprächspartner ins Wort zu fallen. In wieder anderen Kulturen ist eine Phase der Ruhe normal, bevor ein Beitrag geleistet wird.

3.1 Verbale Kommunikation

Kulturbedingte verbale Sprache lässt sich in drei Kommunikationsmustern darstellen:

- Sequenzielle Kommunikation
- Simultane Kommunikation
- Unterbrechende Kommunikation

Sequenzielle Kommunikation

Sprecher A — — — — — —
Sprecher B   — — — — —

> Eine Person spricht. Das Ende eines Gesprächsbeitrags wird abgewartet, dann ergreift der andere Gesprächspartner das Wort. Diese Art der sequenziellen Gesprächsführung ist direkt, ziel- und aufgabenorientiert.

Diese Art der Gesprächsführung findet man beispielsweise in Deutschland, den USA oder Schweden. In arabischen Staaten hingegen wären die Gesprächsphasen erheblich länger, aber auch dort wird das Ende des Gesprächsbeitrags abgewartet.

Simultane Kommunikation

Sprecher A — — — — —
Sprecher B   — — — — —

> Bei der simultanen Kommunikation ist der zeitliche Sprechanteil der Partner unregelmäßig. Sie springen von Thema zu Thema und fallen sich gegenseitig ins Wort. Für manchen ist dies ein sehr kreativer und beziehungsorientierter Gesprächsstil. Er wird von intensiver nonverbaler Kommunikation begleitet.

Diese Art der Gesprächsführung ist beispielsweise in Frankreich, Italien, Spanien und Brasilien gebräuchlich.

Unterbrochene Kommunikation
Sprecher A —   —   –   —
Sprecher B   —   – —   —

> Bei der unterbrochenen Kommunikation folgt dem Beitrag einer Person eine Pause. Dies ermöglicht dem Gesprächspartner, über das Gesagte nachzudenken und angemessen zu reagieren. Dann spricht der Gesprächspartner, gefolgt von einer weiteren Pause.

Diese unterbrochene Kommunikation wird häufig in reaktiven Kulturen, z. B. in Japan oder Finnland, praktiziert.

Übung
„Ein deutscher Vertriebsmanager in Japan."
Ein deutscher Vertriebsmanager gibt nach langen Verhandlungen in Japan sein Preisangebot ab. Er erhält weder eine positive noch eine negative Reaktion der

Gesprächspartner. Die Japaner sitzen starr und schweigen. Irritiert interpretiert der deutsche Manager dieses Schweigen als Entsetzen angesichts des hohen Preises. Nach kurzem Zögern räumt er den Japanern eine fünfprozentige Preisreduktion ein. Da diese noch immer nicht reagieren, reduziert er den Preis nochmals um fünf Prozent, fügt aber hinzu, dass dies sein letztes Angebot ist. Die Japaner teilen ihm mit, dass sie über sein Angebot nachdenken werden. Man verabschiedet sich. Der Geschäftsmann fliegt zurück nach Deutschland und zeitgleich mit seiner Ankunft geht auch der Auftrag per Fax in Deutschland ein. Der deutsche Geschäftsmann freut sich sehr, dass er das Geschäft bei einer Reduktion von nur zehn Prozent erhalten hat.

Wie interpretieren Sie die Situation und das Verhalten der Japaner? Hätte ein Zögern des deutschen Geschäftsmannes möglicherweise die Preisreduktionen verhindern können?

(Mögliche Antworten finden Sie auf der Seite 92)

Hoher und niedriger Kontext

Es werden nie alle Informationen, die zur Orientierung in einer Situation erforderlich sind, in Worten ausgedrückt. Ein bestimmter Teil bleibt immer unausgesprochen.

Ist der Kommunikationsstil direkt, eindeutig und nicht interpretationsbedürftig, so spricht die Fachwelt von einer niedrigen Kontextkultur. Gespräche beginnen mit dem spezifischen Thema. Sobald dieses abgehandelt ist, widmet man sich dem Generellen. Ist dagegen der

Kommunikationsstil indirekt, vage und interpretationsbedürftig, so spricht die Fachwelt von einer hohen Kontextkultur.

Gespräche beginnen mit dem Allgemeinen, beispielsweise mit dem gegenseitigen persönlichen Kennenlernen. Erst wenn man sich einen ausreichenden Eindruck von der Person, seiner Stellung in der Familie, Gesellschaft, im Unternehmen oder der Politik gemacht hat, spricht man das spezifische Thema an. Die Aufrechterhaltung des Kontaktes steht dabei als weiterhin persönlich gewinnbringend im Vordergrund.

Paraverbale Kommunikation

Neben den verbalen Kommunikationsmustern sollte man in der internationalen Kommunikation auch die idiomatische Interpretation einer Sprache einschätzen können, d. h. kulturbedingte Nuancen, Tonmodulationen und Doppeldeutungen kennen.

So entspricht beispielsweise die fallende Intonation, mit der in europäischen Sprachen ein Aussagesatz artikuliert wird, in einigen südindischen Sprachen der Intonation von Fragesätzen.

In einigen afrikanischen und arabischen Kulturen wird Lautstärke als Mittel eingesetzt, um sich unter mehreren Personen als nächster Sprecher durchzusetzen. Lautstärke leitet somit den Sprecherwechsel ein.

Die Firma Rolls Royce machte die negative Erfahrung einer Doppeldeutung. Als sie eine neue Automarke mit dem Namen „Silver Mist" zum Verkauf brachte, löste sie mit diesem Namen einige Irritationen auf dem deutschen Markt aus, denn die rein technische Übersetzung auf Deutsch bedeutet nichts anderes als „Mist", was einer negativen Besetzung des Begriffes gleichkommt (El Kahal, 1994, S. 34).

3.2 Nonverbale Kommunikation

Die nonverbale Kommunikation orientiert sich noch stärker als die verbale an dem kulturellen Kontext und an Konventionen. Verschlüsselte Signale müssen richtig interpretiert werden.

Die folgenden Fragen zeigen ausschnittsweise die Problematik auf:

- Welche Auffassung hat man von Pünktlichkeit?
- Welche Körperhaltung und -bewegung oder welchen räumlichen Abstand sollte man bei einer Begrüßung einnehmen?
- Ist eine Verbeugung, ein Händeschütteln oder sogar eine Umarmung üblich?
- Wann und wie übergibt man eine Visitenkarte?
- Wie viel Augenkontakt sollte man halten?
- Welche Kleidung ist im Arbeitsalltag und welche im privaten Bereich üblich?

Übung

Körperhaltung: „Der US-Amerikaner und der Deutsche." Wie schätzen Sie folgende Situation ein?

Ein Niederlassungsleiter aus Deutschland und einer aus den USA befinden sich in äußerst schwierigen und kontroversen Verhandlungen. Heinz Müller sitzt steif auf seinem Stuhl am Tisch und macht eine ernste Miene. Es ärgert ihn, dass Steve Brown so locker dasitzt, das eine Bein lässig über das andere geschlagen. Außerdem erzählt er einen Witz nach dem anderen. Herr Müller fühlt sich als Person und in der Situation nicht ernst genommen.

Herr Brown ärgert sich ebenfalls, da Herr Müller nicht über seine Witze lacht und mit ernster und aggressiver Miene dasitzt.

Wie interpretieren Sie die Situation bzw. das Benehmen des US-Amerikaners und des Deutschen?

(Eine mögliche Antwort finden Sie auf der Seite 92)

Übung

Augenkontakt: „Ein Japaner in Deutschland."
Wie schätzen Sie folgende Situation ein?

Ein japanischer Manager, der in einem deutschen Unternehmen arbeitet, beschwert sich, dass ihn seine Mitarbeiter und Kollegen immer so intensiv anstarren, wenn er mit ihnen spricht. Der Geschäftsführer des deutschen Unternehmens macht sich dagegen Gedanken darüber, ob der japanische Manager ihm etwas verschweigt, da er ihm nie direkt in die Augen sieht, wenn er mit ihm spricht.

In manchen Kulturen zeigt man mit direktem Augenkontakt Interesse, Ehrlichkeit und Aufrichtigkeit. In anderen Kulturen zeugt es von Respekt und Ehrlichkeit, den Gesprächspartner nicht anzusehen. Letztere empfinden einen direkten Augenkontakt als äußerst unhöflich und aufdringlich.

Übung

Berührung: „Ein Inder hat in Deutschland Geburtstag." Wie schätzen Sie folgende Situation ein?
Ein indischer Manager wird an seinem Geburtstag von einer deutschen Kollegin spontan umarmt und geküsst. Sein Gesicht zeigt Entsetzen und instinktiv weicht er zurück. Die deutsche Kollegin fühlt sich unverstanden, sie wollte ihm doch nur gratulieren und für seine Kollegialität danken.

(Eine mögliche Antwort finden Sie auf der Seite 92)

Wie eng man mit einem Mitmenschen in Kontakt kommen darf, hängt auch sehr von den kulturbedingten Gegebenheiten ab. In den USA und Deutschland kann man für gewöhnlich von dem Abstand einer Armlänge zwischen zwei Gesprächspartnern ausgehen. In lateinamerikanischen Ländern ist der Körperabstand wesentlich näher. Gegenseitige Berührungen sind üblich. In manchen Ländern berühren sich nur Frauen gegenseitig in der Öffentlichkeit, in anderen Kulturen nur Männer.

- *Achten Sie auf nonverbale Signale führender Persönlichkeiten.*
- *Versuchen Sie über Beobachtungen und Vergleiche eine Orientierung zu erhalten.*
- *Achten Sie auf das Sprechmuster Ihres Partners, den Kontext und die Betonung.*

30 MINUTEN

Arbeite ich alleine erfolgreicher
oder in der Gruppe?

Seite 43

Lasse ich einen guten Bekannten,
den ich schon lange nicht mehr
gesehen habe, stehen und eile zu
meinem Termin oder nehme ich
mir Zeit und tausche mit ihm in
Ruhe die letzten Neuigkeiten aus?

Seite 46

Brauche ich Struktur, Ordnung, eine
gute Organisation und detaillierte
Planung, um arbeiten zu können?

Seite 56

4. Test: Selbsteinschätzung

Zusammenfassende und im Folgenden so genannte Kulturbeschreibungen basieren auf Forschungsergebnissen und Erkenntnissen führender Gelehrter. Insgesamt sind sieben Kulturdimensionen dargestellt. Die Beschreibungen dieser ermöglichen es, das eigene Verhalten bzw. die Verhaltenstendenzen anderer Kulturen zu erkennen.

4.1 Individualismus und Kollektivismus

Individualismus beschreibt Gesellschaften, in denen Bindungen zwischen Individuen locker sind. Es wird erwartet, dass jeder für sich selbst und seine unmittelbare Familie sorgt. Kollektivismus hingegen beschreibt Gesellschaften, in denen der Mensch von Geburt an in starke, geschlossene Einheiten oder Gruppen integriert ist. Diese schützen ihn ein Leben lang und verlangen dafür von ihm bedingungslose Loyalität. Wie ist es:

Sehen sich Menschen vornehmlich als Individuen oder vornehmlich als Teil einer Gruppe?

Beispiele wesentlicher Unterschiede zwischen indivi-
dualistischen und kollektivistischen Gesellschaften:

Individualismus	Kollektivismus
Jeder Mensch wird so erzogen, dass er für sich selbst und seine direkte (Kern-)Familie sorgen kann.	Menschen werden in Groß-familien oder in Gruppen hin-eingeboren. Diese schützen den Einzelnen und dieser zeigt im Gegenzug Loyalität.
Die Identität ist im Individuum begründet und denkt in „Ich-Begriffen".	Die Identität ist im sozialen Netzwerk, dem man ange-hört, begründet. Der Einzelne denkt in „Wir-Begriffen".
Management bedeutet Management von Individuen.	Management bedeutet Ma-nagement von Gruppen.
Die Beziehung zwischen dem Arbeitgeber und dem Arbeitnehmer be-ruht auf einem Vertrag, aus dem beide einen ge-genseitigen Nutzen zie-hen.	Die Beziehung zwischen dem Arbeitgeber und dem Arbeitnehmer beruht auf moralischen Maßstäben, ähnlich einer familiären Bindung.
Diplome steigern den wirtschaftlichen Wert und/oder die Selbstachtung.	Diplome schaffen Zugang zu Gruppen mit höherem Status.
Es ist üblich, jemanden aus der Gruppe lobend hervorzuheben.	Jemanden aus der Gruppe lobend hervorzuheben führt zu Gesichtsverlust des Einzelnen und der Gruppe.

Individualismus	Kollektivismus
Beispiele: Australien, Deutschland, Großbritannien, Schweiz, USA	Beispiele: China, Indien, Japan, Korea, Mexiko, Saudi-Arabien

Übung

Nachdem Sie die Beispiele durchgelesen haben, beantworten Sie bitte die folgenden Fragen. Setzen Sie dabei die Markierungen auf der Skala an der Stelle, die Ihrer Einschätzung am besten entspricht.

Arbeiten Sie mit bunten Stiften und benutzen Sie für jede Einschätzung eine andere Farbe.

Wie beurteilen Sie:

- Ihren eigenen Charakter auf der Skala?
- Die Kultur Ihres Landes?
- Das Unternehmen, in dem Sie arbeiten?
- Die Kultur oder Unternehmenskultur des ausländischen Partners?

1	2	3	4

max. Individualismus   max. Kollektivismus

Weitere Fragen im beruflichen Kontext können sein:
- Bekommt der Einzelne Aufgaben oder werden Aufgaben vornehmlich an Gruppen übertragen?

- Welche Trainingsmethoden sind erfolgreich, Rollen-
  spiele, Fallstudien oder eher Vorträge?
- Wie findet die Beteiligung Einzelner in Besprechungen oder Trainings statt?
- Werden Entscheidungen im Gruppenkonsens oder
  vornehmlich durch den Vorgesetzten gefällt?

4.2 Aufgaben- und Beziehungsorientierung

Nehmen wir uns Zeit und zeigen unsere Emotionen
oder bleiben wir in unseren Handlungen emotional
neutral bzw. kontrolliert?

Die Gegenpole Aufgaben- und Beziehungsorientierung
beinhalten die Vorlieben beim Umgang mit Emotionen
und Zeit.

Beispiele wesentlicher Unterschiede zwischen aufga-
ben- und beziehungsorientierten Gesellschaften:

Aufgabenorientierung	Beziehungsorientierung
Leben, um zu arbeiten; die Bedeutung der Arbeit steht über der Familie.	Arbeiten, um zu leben; die Bedeutung der Familie steht über der Arbeit.
Hervorhebung von Leistung.	Hervorhebung der Einheit.

Aufgabenorientierung	Beziehungsorientierung
Der unterzeichnete Vertrag gilt.	Beziehung entscheidet.
Eine vertrauenswürdige Person steht zum Wort.	Eine vertrauenswürdige Person passt sich neuen Gegebenheiten an.
Pünktlichkeit und Arbeitsmoral werden geschätzt.	Loyalität und Fürsorge werden geschätzt.
Klare Trennung zwischen der Privatsphäre und der Arbeit.	Privat- und Arbeitsleben werden gemischt, keine Trennung.
Zeitlich begrenzte, funktionale soziale Beziehungen.	Sehr lang anhaltende soziale Beziehungen.
Kunden bleiben beim Produkt, auch wenn der Verkäufer wechselt.	Kunden bleiben beim Verkäufer, auch wenn dieser die Firma wechselt.
Beispiele: Deutschland, Großbritannien, Niederlande, USA	Beispiele: Brasilien, China, Indien, Japan, Korea, Mexiko, Saudi-Arabien, Türkei

Übung

Nachdem Sie die Beispiele durchgelesen haben, beantworten Sie bitte die folgenden Fragen. Setzen Sie die Markierungen auf der Skala an der Stelle, die Ihrer Einschätzung am besten entspricht.

Benutzen Sie dabei für jede Einschätzung wieder eine andere Farbe. Wie beurteilen Sie:

- Ihren eigenen Charakter auf der Skala?
- Die Kultur Ihres Landes?
- Das Unternehmen, in dem Sie arbeiten?
- Die Kultur oder Unternehmenskultur des ausländischen Partners?

| 1 | 2 | 3 | 4 |

Aufgabenorientierung   Beziehungsorientierung

Weitere Fragen im beruflichen Kontext können sein:
- Haben Besprechungsteilnehmer das Bedürfnis, sich vor einer Besprechung besser kennenzulernen?
- Können Alter, Geschlecht, Status und Nationalität einen Einfluss auf die Entwicklung einer Geschäftsbeziehung nehmen?
- Werden bei sozialen Veranstaltungen, z. B. einem Abendessen, geschäftliche Themen besprochen?
- Was ist das Entscheidungskriterium für einen Geschäftsabschluss: die Kenntnis und das Vertrauen in den Geschäftspartner oder der finanziell beste Preis?
- Wird eine Geschäftsbeziehung aufrechterhalten, wenn die Beziehung zwischen den Partnern gestört ist?

4.3 Partikularismus und Universalismus

Urteilen wir nach bewährten Gesetzen und Regeln und wenden diese für alle Menschen einheitlich in gleichen Situationen an oder beachten wir grundsätzlich die Umstände einer speziellen Situation oder Beziehung?

Gesetze und Regeln gelten einheitlich und werden auf alle Menschen gleich angewandt. Oder werden spezielle Situationen oder Beziehungen bei der Auslegung beachtet?

Beispiele wesentlicher Unterschiede zwischen partikularistisch und universalistisch orientierten Gesellschaften:

Partikularismus	Universalismus
Gesetz wird gemäß der Beziehungsintensität interpretiert.	Gesetz gilt für alle Menschen gleich.
Sich ändernde Umstände können Verträge ungültig machen.	Der Vertrag gilt, auch wenn sich die Rahmenbedingungen gravierend ändern.
Macht begründet sich aus der Familienherkunft, Freunden, dem eigenen Charisma und der Fähigkeit, Gewalt einzusetzen.	Macht begründet sich aus der formalen Position oder Expertisen.

Partikularismus	Universalismus
Informelle Kanäle werden zur Informationsweitergabe genutzt.	Formale Informationskanäle werden genutzt.
Beispiele: Brasilien, China, Mexiko, Saudi-Arabien, Türkei	Beispiele: Deutschland, Niederlande, Finnland, Norwegen

Übung

Setzen Sie die Markierungen auf der Skala an der Stelle, die Ihrer Einschätzung am besten entspricht. Benutzen Sie für jede Einschätzung eine andere Farbe. Wie beurteilen Sie:

- Ihren eigenen Charakter auf der Skala?
- Die Kultur Ihres Landes?
- Das Unternehmen, in dem Sie arbeiten?
- Die Kultur oder Unternehmenskultur des ausländischen Partners?

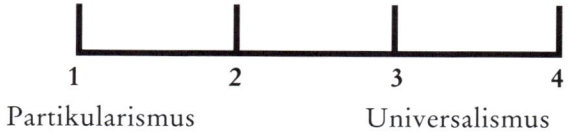

Partikularismus   Universalismus

Weitere Fragen im beruflichen Kontext können sein:
- Wie schnell lassen sich getroffene Vereinbarungen ändern?
- Wie wichtig ist die Einteilung von Zeit und das Einhalten vorgesehener Zeiträume?

- Gibt es Unternehmensgrundsätze, Verfahrens- und Verhaltensanweisungen? Wie intensiv werden diese gelebt?

4.4 Gleichheits- und Statusorientierung

Wie Menschen mit wichtigen und persönlichen Errungenschaften und Leistungen umgehen, wird in dem Kapitel Gleichheits- und Statusorientierung beschrieben. Eine hohe Hierarchie und die damit einhergehenden Status-Errungenschaften zeigen sich z. B. in der Bedeutung gesetzter und erreichter Ziele, der Bereitschaft, das Privatleben dem Berufsleben anzupassen oder das Privatleben vom Berufsleben unterbrechen zu lassen. In einer flachen Hierarchie wird wenig über berufliche Erfolge gesprochen. Sie nehmen keinen bedeutenden Stellenwert ein und werden – wenn überhaupt – im Stillen genossen.

Status- und Gleichheitsorientierung beschreiben, wie in Beziehungen und bei zwischenmenschlichen Handlungen mit Hierarchieunterschieden umgegangen wird.

Beispiele wesentlicher Unterschiede zwischen einer gleichheitsorientierten und einer statusorientierten Gesellschaft:

Gleichheitsorientierung	Statusorientierung
Persönliche Mitteilungen beinhalten häufig die Ausbildung und den Familienstand.	Persönliche Mitteilungen beinhalten häufig herausragende Leistungen und die Position im Unternehmen.
Das Ansprechen von Geschäftsbelangen bei sozialen Veranstaltungen ist unangemessen.	Bei sozialen Veranstaltungen kann über Geschäftsangelegenheiten gesprochen werden.
Persönliche Zeit wird hoch geschätzt. Es wird selten bis spät in die Nacht und an Wochenenden gearbeitet.	Es wird bis spät in den Abend und an Wochenenden gearbeitet.
Vorgesetzte behandeln ihre Mitarbeiter wie ihresgleichen.	Mitarbeiter behandeln ihre Vorgesetzten mit Respekt.
Mitarbeiter dürfen widersprechen.	Mitarbeiter widersprechen ihren Vorgesetzten selten.
Beispiele: Niederlande, Norwegen, Schweden, Spanien, Finnland	Beispiele: Österreich, Deutschland, Frankreich

Übung

Nachdem Sie die Beispiele durchgelesen haben, beantworten Sie bitte u. g. Fragen. Setzen Sie die Markierungen auf der Skala an der Stelle, die Ihrer Einschätzung am besten entspricht. Benutzen Sie für jede Einschätzung eine andere Farbe. Wie beurteilen Sie:

- Ihren eigenen Charakter auf der Skala?
- Die Kultur Ihres Landes?
- Das Unternehmen, in dem Sie arbeiten?
- Die Kultur oder Unternehmenskultur des ausländischen Partners?

1   2   3   4

Gleichheitsorientierung   Statusorientierung

Weitere Fragen im beruflichen Kontext können sein:
- Gestalten Arbeitnehmer und Arbeitgeber ihre Freizeit gemeinsam?
- Haben Mitarbeiter die Möglichkeit, im Unternehmen hierarchisch aufzusteigen?
- Nach welchen Kriterien erfolgen Einstellungen und Kündigungen?
- Wie wird Glaubwürdigkeit aufgebaut?

4.5 Direkte und indirekte Kommunikation

Menschen senden Information auf die Art und Weise, in der sie selbst gelernt haben, zu kommunizieren und in der sie Informationen wahrnehmen können. Manche Menschen antworten sehr detailliert auf Fragen und geben umfangreiche Hintergrundinformationen heraus. Andere liefern wenig Informationen und gehen davon aus, dass der Gesprächspartner dasselbe meint oder bei Unklarheit nachfragt. Auch Ausdrucksfähigkeit, Genauigkeit von Aussagen und Kommunikationsrichtung unterscheiden sich je nach Kultur.

Direkte und indirekte Kommunikation umfasst die Summe an Informationen, die übertragen werden müssen, damit ein anderer Mensch sie versteht.

Beispiele zu direkter und indirekter Kommunikation:

Direkte Kommunikation	Indirekte Kommunikation
Es wird gesagt, was gemeint ist. Informationsinhalt ist relevant.	Es wird angedeutet, was gemeint ist. Der Kontext ist ebenso relevant wie der Inhalt und der Kommunikationsort.
Klare, detaillierte Sprache.	Diffuse Informationen.
Wenig Gesten und Tonvariationen.	Sehr umfangreicher Gebrauch von Gesten und Tonvariationen.
Kaum informelle Netzwerke.	Sehr viele und umfangreiche Netzwerke.
„Informationsflucht"; Information wird nach Wichtigkeit selektiert und gelesen.	„Informationssucht"; Menschen suchen immer nach neuen Informationsquellen.

Direkte Kommunikation	Indirekte Kommunikation
„Gesichtswahrung" ist irrelevant. Offen jemandem zu widersprechen ist erlaubt.	„Gesichtsverlust" muss auf jeden Fall vermieden werden.
Beispiele: Australien, Deutschland, Österreich, Niederlande, USA	Beispiele: Frankreich, Ungarn, Indien, Indonesien, Italien, Japan, Mexiko, Spanien

Übung

Setzen Sie die Markierungen auf der Skala an der Stelle, die Ihrer Einschätzung am besten entspricht.

Benutzen Sie für jede Einschätzung eine andere Farbe.

Wie beurteilen Sie:

- Ihren eigenen Charakter auf der Skala?
- Die Kultur Ihres Landes?
- Das Unternehmen, in dem Sie arbeiten?
- Die Kultur oder Unternehmenskultur des ausländischen Partners?

| 1 | 2 | 3 | 4 |

direkte Kommunikation   indirekte Kommunikation

Weitere Fragen im beruflichen Kontext können sein:
- Werden Tagesordnungspunkte detailliert abgearbeitet?
- Wie sollte man reagieren, wenn man auf eine Frage keine Antwort weiß?
- Wie verlaufen Besprechungen?
- Wie erfolgt Feedback? Welche Wertigkeit hat Feedback? Wie wird Feedback strategisch eingesetzt?
- Wie wird eine Kommunikationspause wahrgenommen?
- Wie entschuldigt man sich bei einem Kollegen?

4.6 Monochroner und polychroner Umgang mit Zeit

Wie betrachten Menschen einer Kultur die Zeit? Als etwas, womit man planen, handeln, das man verlieren und kontrollieren kann, oder als eine unkontrollierbare Macht der Natur? In polychronen Kulturen werden mehrere Dinge zur selben Zeit gemacht, Termine sind flexibel. In monochronen Kulturen geht man Schritt für Schritt vor, wobei auf die Einhaltung vereinbarter Termine viel Wert gelegt wird.

Monochron bzw. polychron beschreibt, ob und wie wir Aufgaben oder Projekte zeitlich strukturieren und bearbeiten.

Auszug der Hauptunterschiede zwischen monochronem oder polychronem Umgang mit Zeit:

Monochron	Polychron
Zeit ist Geld. (Deutsches Sprichwort)	Von zwei Dingen wurde uns unendlich viel gegeben: Sand und Zeit. (Arabisches Sprichwort)
Sehr hohe Zeitorientierung. Aufgaben werden sequenziell und nacheinander bearbeitet. Werden Termine nicht eingehalten, so mangelt es an Organisation bzw. Respekt gegenüber dem Partner.	Berücksichtigung mehrerer Ereignisse zur gleichen Zeit. Auf die Gefühle der Mitmenschen wird mehr Wert gelegt als auf die Einhaltung von Terminen.
Detaillierte Pläne, Daten, Logistik sind wichtig.	Genannte Uhrzeiten sind Orientierungshilfen und können stetig geändert werden.
Inneres Bedürfnis nach aktiver Handlung, Arbeit.	Angenehmes Gefühl bei Entspannung; harte Arbeit nur wenn es sein muss.
Ziel ist das Einhalten von Terminen, Zeitplänen, Ergebnissen.	Ziel ist die Beziehungspflege und eine gute Arbeitsleistung.
Langfristige Zeitplanung.	Kurzfristige bis keine Zeitplanung.
Beispiele: Australien, Dänemark, Deutschland, Österreich, Niederlande, Singapur, USA, Russland	Beispiele: Indien, Indonesien, Polen, Thailand, Mexiko, Saudi-Arabien

Übung

Nachdem Sie die Beispiele durchgelesen haben, beantworten Sie bitte u. g. Fragen. Setzen Sie die Markierungen auf der Skala an der Stelle, die Ihrer Einschätzung
am besten entspricht. Benutzen Sie für jede Einschätzung eine andere Farbe. Wie beurteilen Sie:

- Ihren eigenen Charakter auf der Skala?
- Die Kultur Ihres Landes?
- Das Unternehmen, in dem Sie arbeiten?
- Die Kultur oder Unternehmenskultur des ausländi-
  schen Partners?

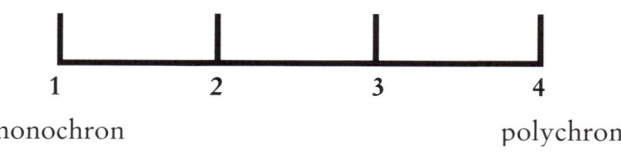

Weitere Fragen im beruflichen Kontext können sein:

- Ist es wichtig, pünktlich zu einer Besprechung zu
  erscheinen? Werden Verspätungen negativ ausge-
  legt?
- Hat die Einhaltung des Zeitplans Vorrang vor der Be-
  sprechung aller Tagesordnungspunkte oder werden
  alle Punkte besprochen, auch wenn der vorgesehene
  Zeitplan überzogen wird?
- Wie ernst werden Termine und die Erfüllung von
  Projektzielen genommen?
- Wie schnell werden Entscheidungen gefällt?

4.7 Flexibilitäts- und Sicherheitsorientierung

Flexibilitäts- und Sicherheitsorientierung beinhaltet das Ausmaß, in dem Menschen sich in ungewissen oder unbekannten Situationen bedroht fühlen, in denen ein Bedürfnis nach geschriebenen und ungeschriebenen Regeln entsteht. Eine flexible Kultur besitzt wenig allgemeine Gesetze und Regeln, sie ist geprägt durch Eigeninitiative, Vertrauen in die eigene Kraft und Risikobereitschaft. Kulturen mit hoher Sicherheitsorientierung weisen eine hohe Regelungsdichte mit zahlreichen exakten Richtlinien und Gesetzen auf. Dies wirkt sich auch auf die Organisation eines Unternehmens in der Wirtschaft aus.

Flexibilitäts- und Sicherheitsorientierung umfasst die Summe an Sicherheit, Struktur, Kontinuität und Vorhersehbarkeit, die in einem sozialen bzw. wirtschaftlichen Umfeld bevorzugt wird, bevor eine Entscheidung gefällt bzw. eine strategische Aktion eingeleitet wird.

Beispiele wesentlicher Unterschiede zwischen Flexibilitäts- und Sicherheitsorientierung:

Flexibilitätsorientierung	Sicherheitsorientierung
Wenig Gesetze und Regeln.	Viele detaillierte Gesetze und Regeln.

Flexibilitätsorientierung	Sicherheitsorientierung
Flexible Strukturen im Arbeitsumfeld; lockere Struktur wird bevorzugt.	Im Arbeitsumfeld gelten strikte Regeln, Aufträge und Aufgaben; oft befriedigen auch ineffektive Regeln das Bedürfnis nach Struktur und Orientierung.
Sucht die Herausforderung und das Risiko.	Was fremd ist, ist gefährlich.
Anzahl neuer Ideen wird geschätzt.	Qualität neuer Ideen wird geschätzt.
Innovation und Veränderungen werden geschätzt.	Kontinuität und Zuverlässigkeit werden geschätzt.
Entscheidungen können schnell umgekehrt werden.	An Entscheidungen wird festgehalten.
Beispiele: Niederlande, Schweden, USA	Beispiele: Deutschland, Japan, Russland, Schweiz, Österreich

Übung

Nachdem Sie die Beispiele durchgelesen haben, beantworten Sie bitte u. g. Fragen. Setzen Sie die Markierungen auf der Skala an der Stelle, die Ihrer Einschätzung am besten entspricht. Benutzen Sie für jede Einschätzung eine andere Farbe. Wie beurteilen Sie:

- Ihren eigenen Charakter auf der Skala?
- Die Kultur Ihres Landes?
- Das Unternehmen, in dem Sie arbeiten?
- Die Kultur oder Unternehmenskultur des ausländischen Partners?

1	2	3	4

Flexibilität   Sicherheit

Weitere Fragen im beruflichen Kontext können sein:
- Wie schnell wird die Initiative zu Änderungen getroffen und eine Entscheidung herbeigeführt?
- Wie detailliert sind Projektpläne und Produkteinführungen am Markt?
- Wie sehr beeinflussen Geschlecht, Hautfarbe, Religion und kulturelle Herkunft Berufchancen? Wie viele Menschen mit unterschiedlichen Lebensläufen haben leitende Positionen?
- Werden Anliegen, Vorschläge und Bemerkungen von Mitarbeitern anderer Herkunft, Kultur oder anderen Geschlechts angehört und aufgenommen?
- Wird ein ähnlicher Kleidungsstil im Unternehmen gepflegt? Bevorzugen Frauen feminine Kleidung?

Beachten Sie, dass Menschen in Organisationseinheiten nicht nur durch ihre Kultur geprägt sind. Auch die Unternehmenskultur trägt wesentlich zur Verhaltensformung bei. Bei der Leitung internationaler Projekte und der Führung internationaler Mitarbeiterteams darf der interkulturelle Kontext nicht ignoriert werden. Kultur ist ein Strategiefaktor.

30 MINUTEN

5. Interkulturelle Wirtschafts- kommunikation

Führungskräfte im Ausland müssen die fremde Umwelt verstehen, analysieren und prognostizieren können. Neben einer quantitativen Zunahme der zu bewältigenden Führungsaufgabe finden sie auch eine qualitative Anreicherung der Problemstellungen und Lösungsanforderungen vor. Sie müssen Menschen nach den im Ausland üblichen Vorstellungen führen und motivieren können.

5.1 Kulturabhängige Arbeitsweisen

Die Rollenverständnisse zwischen Arbeitnehmer und Arbeitgeber können sich je nach Kultur sehr voneinander unterscheiden.
Nicht nur unterschiedliche Denk- und Sprachmuster, auch unterschiedliche Lebens- und Arbeitsgewohnheiten, Auffassungen über angemessenes Führungsverhalten und das Rollenverständnis zwischen Arbeitgeber und Arbeit-

nehmer können bei falscher Einschätzung zu Konflikten des Partnerverhältnisses führen.

Arbeitgeber und Arbeitnehmer wollen beide richtig verstanden werden. Kultur beeinflusst auch das Rollenverhalten beider, d. h., wie motiviert und geführt wird. Auch die Erwartungshaltung von Zuhörern in Präsentationen, der strukturelle Ablauf von Meetings und das Arbeiten in Teams werden von kulturellen Werten geformt.

5.2 Kulturabhängige Präsentationserwartungen

„Kommunikation ist das, was an Informationen beim Empfänger ankommt."
Baut man basierend auf diesem Satz seine Präsentation auf, so ergeben sich interessante länderabhängige Unterschiede.
Betrachtet man unten aufgeführte Punkte, die dem üblichen Aufbau eines Vortrages oder einer Präsentation entsprechen, so wird bewusst, warum US-amerikanischer Wahlkampf einem „Show-down" gleicht und ein deutscher Manager in den USA evtl. auf tief greifende Darstellungen bzw. Details verzichten sollte. Zuhörergewohnheiten und Erwartungen bei Präsentationen:

USA	Deutschland
• Humor	• Solide Firma und solides Produkt
• Witze	• Kein Witz
• Aktualität	• Technische Informationen
• Effekt haschender Gag	• Hintergrundinformationen
• Slogans	• Umfangreiche Dokumentation
• Zielführende Argumente	• Lieferzeit
	• Qualität
Aufmerksamkeitsdauer: ca. 30 Minuten	Aufmerksamkeitsdauer: ca. 1 Stunde

Quelle: Lewis, 2002, S.105

US-Amerikaner hören dem Sprecher durchschnittlich ca. 20 Minuten zu. Die restlichen zehn Minuten möchten sie unterhalten werden und rechnen damit, dass man ihnen das Produkt in angenehmer Weise verkauft. Deutsche dagegen erwarten, vornehmlich über technische Details und ausführliche Hintergründe informiert zu werden. Die restliche Zeit überlegen sie, was das Produkt wohl kostet, ob der Preis gerechtfertigt ist oder ob sie zu dem einen oder anderen technischen Detail noch Zusatzinformationen benötigen.

"Chaque homme de culture a deux patries: la Sienne – et la France."

(Jeder Mensch von Kultur hat zwei Vaterländer: das seine – und Frankreich.)

Bei Präsentationen vor Franzosen sind eine wortreiche, langatmige und exzellente Beherrschung der französischen Sprache unumgänglich. Der Bezug zu Frankreich sollte in Ihren Ausführungen stets vorhanden sein. Hierbei kann die Integration der französischen Flagge helfen. Oder postieren Sie das vorzustellende Produkt vor dem „Tour Eiffel"!

Bei Gesprächen mit Finnen kommt es oft zu langen schweigsamen Denkphasen. So mancher Deutsche war dadurch so sehr verunsichert, dass er seine Präsentation besorgt überdachte und erneut wiederholte.

Die Kenntnis darüber, dass sich einige Kulturen wortlose Überlegungen und Abwägungen gönnen, lässt die eine oder andere stille Phase durchaus aushalten. Toleranz und Kenntnis darüber hingegen fördern im Übrigen auch die Position als professioneller und seriöser Verhandlungspartner.

Zuhörergewohnheiten und Erwartungen bei Präsentationen im Vergleich Frankreich – Finnland:

Frankreich	Finnland
• Förmlichkeit	• Modernität
• Innovatives Produkt	• Qualität
• Emotionaler Bezug	• Technische Informationen
• Vorstellungsvermögen und Logik	• Bescheidene Präsentation

Frankreich	Finnland
• Bezug zu Frankreich	• Anspruchsvolles Design
• Zuhörer unterbrechen zum Fragen	• Keine Unterbrechung zum Fragen
• Persönliches, authentisches Auftreten	• Kein Feedback
Aufmerksamkeitsdauer: ca. 30 Minuten	Aufmerksamkeitsdauer: ca. 45 Minuten

Quelle: Lewis, 2002, S.105

Franzosen hören einem Vortragenden während seiner ca. 30-minütigen Präsentation zum größten Teil zu. Allerdings wird man gegen Ende der Präsentation in der Annahme, das Produkt nun ausreichend zu kennen, schon mal ungeduldig. In Finnland beginnt ein Meeting mit Kaffeetrinken. Danach hört man dem Sprecher ruhig und ohne Unterbrechung zu.

Die anschließende Ruhe würde in Deutschland für ein Feedback oder Nachfragen genutzt werden. Nicht so in Finnland. „A man, who wants to see in the future, is either insane or irreligious. What good is a plan if god decides otherwise?" So weit ein Saudi über zu vereinbarende Termine mit einem westlichen Geschäftsmann!

Ein enger persönlicher Bezug als Grundlage für eine lebenslange Freundschaft und geschäftliche Partnerschaft öffnet arabische Türen.

Denn welche Bitte schlägt man einem guten Freund ab? Keine! Damit dieser westliche Geschäftsmann jedoch ein guter Freund wird, stellt man ihm sehr viele, auch persönliche Fragen. „The nail that sticks out gets hammered down", besagt ein bekanntes Sprichwort. Harmonie in der Gruppe, Höflichkeit und gegenseitiger Respekt sind die wichtigsten Tugenden in Japan. Japans Erfolg beruht auf exzellent geschulten und geförderten Mitarbeitern. Die Form wahrendes und ruhiges Auftreten werden mit Interesse und Aufmerksamkeit belohnt. Soliden deutschen Unternehmen mit bekannten Namen werden größte Anerkennung und Respekt entgegengebracht. Zuhörergewohnheiten und Erwartungen bei Präsentationen:

Arabische Länder	Japan
• Persönlicher Bezug	• Guter Preis
• Exzellente Rhetorik	• Unique Selling Point
• Vielsagende und außergewöhnliche Redegewandtheit.	• Ruhige Präsentation
• Sehr lautes Reden	• Höflichkeit, Form und Stil
• Lebendigkeit	• Harmonie
• Zuhörer unterbrechen zum Fragen	• Respekt vor Japan und dem Unternehmen haben
• Erwartung von zusätzlichen Gesprächen über die Veranstaltung hinaus.	• Guter Name des vorzustellenden Unternehmens und Synergien.
• Aufmerksamkeitsdauer: kurz	• Aufmerksamkeitsdauer: ca. 1 Stunde

Quelle: Lewis, 2002, S.105

Araber suchen in den relativ kurzen Meetings nach dem persönlichen Bezug und möchten mit positiven warmen Gesten und lauten Worten umworben werden.

Oft tauscht man sich mit seinem Nachbarn über den Redner aus, verfolgt dabei aber trotzdem die Präsentation, hört dem vorgetragenen Know-how zu und wägt in der Kürze Nutzen und Gewinn ab.

Japaner dagegen verbringen die ersten 15 Minuten eines Meetings mit einem sanften, höflichen und harmonischen Small Talk.

Ca. 30 Minuten hören sie dem Redner aufmerksam zu, bitten jedoch um häufige Wiederholungen oder zusätzlichen Kontext. Man beachte, dass japanische Denk- und Verstehensprozesse im Vergleich zu uns Deutschen anders gelernt werden.

Die verbleibende Zeit hören Japaner zwar dem Vorgetragenen zu, verstehen allerdings oftmals Aufbau und Logik der Deutschen nicht.

Präsentationen muss man steuern. Motivieren und gewinnen Sie Ihre Teilnehmer, indem Sie bereits bei der Vorbereitung kulturbedingte Erwartungen und Gewohnheiten der Zuhörer beachten. US-Amerikaner wollen kurz informiert und unterhalten werden. Deutsche legen Wert auf fundierte, detaillierte Informationen. Franzosen ist eine förmliche, formelle Präsentation mit emotionalem Bezug zu Frankreich wichtig. Finnen legen Wert auf eine ruhige Präsentation, außerdem auf die Nen-

*nung moderner Trends und Qualitätsmerkmale. In
Saudi-Arabien zählen vor allen Dingen Lebendig-
keit und eine exzellente Rhetorik. In Japan erwartet man Ruhe, Harmonie, Höflichkeit, Form und
Stil sowie einen guten Preis.*

5.3 Kulturabhängige Abläufe von Meetings

Meetings können interessant sein, lang oder kurz und
auch unnötig! Entscheidungen fallen im Meeting nicht
nur in Konferenzräumen, sondern auch bei einem Abendessen, beim Golfen, in der Sauna oder stehend auf dem
Flur. Ausgedehnte Meetings sind manchmal nur dann
erfolgreich, wenn die Rahmenbedingungen stimmen.
Man stelle sich vor, die Abholung vom Hotel war unzuver-
lässig, die Sitzordnung unüberlegt, die Raumtemperatur
zu hoch und der angebotene Kaffee und Tee nur lauwarm.
Selbst ein kleines Detail, das Mittagessen, die Pause, das
Abend- oder Fernsehprogramm im Hotel, kann über den
Erfolg oder Misserfolg eines Meetings entscheiden!
Das Besprechen von sachlichen Themen zu Beginn eines
Meetings kann je nach Kultur sehr unterschiedlich sein. In
Deutschland fängt man pünktlich und sachlich an, denn
„Pünktlichkeit ist die Tugend der Könige"! Besprechungen
in den USA starten ebenfalls sofort nach dem formalen
Erscheinen der Teilnehmer, jedoch mit einer aufmuntern-
den witzigen und Spannung lösenden Bemerkung.

In Finnland wärmt man sich bei einem Kaffee vor dem Start der Besprechung auf.

Bei einer Tasse Tee plaudert man in Großbritannien schon mal über das Wetter und den Sport und startet dann locker.

Ein Deutscher in Frankreich sollte sich auf eine „Aufwärmphase" von bis zu 15 Minuten einstellen, in welcher beispielsweise über Politik oder aktuelle Skandale gesprochen wird. Während in Japan der Senior das Zeichen zum Start des Meetings gibt, sind bei grünem Tee nicht nur sachliche, sondern auch persönliche Gespräche wichtige Punkte in einem Meeting.

In Spanien oder in Italien beginnt ein Meeting, wenn alle Teilnehmer vollzählig sind. Mit Themen wie Fußball oder Fragen nach der Familie kann man schon mal 20-30 Minuten höflich überbrücken.

Sollte es Ihnen demnächst in einem Meeting nicht schnell genug zur Sache gehen, denken Sie daran:

Sie befinden sich wahrscheinlich in einer beziehungsorientierten Kultur und manche Menschen benötigen eine längere Aufwärmphase als Sie.

Übung

1. Erinnern Sie sich an Ihr letztes Meeting im Ausland! Wer sprach als Erstes sachliche Themen an und zu welchem Zeitpunkt? Sehen Sie darin eine generelle Tendenz der Unternehmenskultur oder möglicherweise der Kultur des Landes?

2. Sensibilisieren Sie sich für die Abläufe von Meetings!
Beobachten Sie, wann und in welcher Weise Besprechungen ablaufen.

Möchten Sie eine internationale Veranstaltung zum Erfolg führen? Gehen Sie im Vorfeld die Ansprüche und Absichten der teilnehmenden Nationen durch. Was erwartet der Franzose, was der Mexikaner von der Veranstaltung? Stimmen Sie im Vorfeld die Ziele und die Agenda mit den Teilnehmern ab. Halten Sie sich während der Veranstaltung an die Agenda. Danken Sie den Teilnehmern und allen Beteiligten für die Unterstützung, ohne die ein Erfolg nicht möglich gewesen wäre. Verfassen Sie ein Protokoll über die Veranstaltung.

5.4 Kulturabhängige Führungserwartungen

In der Praxis erfreuen sich folgende drei Führungsstile
weitgehend internationaler Akzeptanz:
• Der autoritäre Führungsstil
• Der kooperative, partnerschaftliche Führungsstil
• Der paternalistische Führungsstil

Der autoritäre Führungsstil zeichnet sich durch eine starke
Zentralisierung der Entscheidung, durch ein hochgradig
sachliches Interesse an der Aufgabenerfüllung, durch ver-

bindliche Anordnungen von „oben" und sehr geringe persönliche Arbeitsbeziehungen aus. Der Vorteil dieses Führungsstils liegt in der Möglichkeit, schnelle Entscheidungen zu treffen. Er findet Akzeptanz bei Managern, die menschliche Bedürfnisse weitgehend unberücksichtigt lassen und vornehmlich aufgabenorientiert führen. Diesen Führungsstil findet man in Frankreich und Deutschland.

Der kooperative und partnerschaftliche Führungsstil zeichnet sich durch eine hohe Beteiligung der Mitarbeiter am Entscheidungsprozess aus. Ziele werden gemeinsam formuliert und der Erfolg an ihrer Erreichung gemessen. Mitdenken und Partizipation wirken sich positiv aus, ebenso stehen stark kollegiale Formen bei diesen Arbeitsbeziehungen aus. Einzelentscheidungen dürfen getroffen werden. Dies wird durch eine intensive Delegation und Eigenkontrolle gefördert. Führungskräfte müssen über Teamgeist und soziale Führungsfähigkeiten verfügen.

Diesen Führungsstil findet man in skandinavischen Ländern, in Amerika, Großbritannien und zunehmend auch in Deutschland.

Den paternalistischen Führungsstil bevorzugt man beispielsweise in Japan. Er zeichnet sich durch ein sehr arbeitsorientiertes Verhalten mit einer mitarbeiterorientierten Ausrichtung aus. Führungskräfte erwarten eine hohe Arbeitsleistung. Dafür können die Mitarbeiter mit lebenslanger Beschäftigung und verschiedenen Formen sozialer Absicherung (Kindergärten, Schulen, medizinische Versorgung usw.) rechnen.

5.5 Multikulturelle Teams

Im Zuge der Globalisierung müssen immer mehr ge-
mischt-kulturelle Gruppen zusammenarbeiten. Hierbei
teilen die Teammitglieder häufig nicht die gleiche Grund-
überzeugung bei gruppendynamischen Prozessen.

Mit größter Wahrscheinlichkeit hat jedes Teammitglied
eine andere Vorstellung darüber, worin sein Beitrag
zur effizienten und effektiven Gruppenarbeit besteht.
Die Unterschiede liegen vor allem
- in der Akzeptanz von Autoritätsstrukturen
- in der Motivation, strategischen Orientierung und
  Zielbildung
- im Entscheidungsfindungsprozess
- in der Konfliktlösung und dem Äußern von
  Emotionen
- im Umgang mit Zeit

Bei einer internationalen Zusammenarbeit orientieren
sich die Teammitglieder zunächst immer am eigenen
gelernten Verhalten. Hierdurch kommt es unweigerlich
zu Irritationen und Missverständnissen, da die andere
Kultur den eigenen Erwartungen nicht entspricht. Um
im Vorfeld Kommunikationsproblemen in Arbeitsgrup-
pen entgegenzuwirken, empfiehlt es sich, teamfördern-
de Vorbereitungsmaßnahmen durchzuführen. Mit diesen Vorbereitungsmaßnahmen werden Polaritäten und
mögliche Konfliktfelder aufgezeigt, Kommunikations-
sprache und -regeln festgelegt.

- *Interkulturelle Konflikte können auf unterschiedlichen Denk- und Sprachmustern, Lebens- und Arbeitsgewohnheiten beruhen.*
- *Die Erwartungshaltungen von Zuhörern in Präsentationen, die strukturellen Abläufe in Meetings, die Führungserwartungen, das Arbeiten in Teams können kulturbedingt sehr unterschiedlich sein.*

30

30 MINUTEN

Wieso loben US-Amerikaner so häufig?

Seite 77

Warum erzählen Mexikaner ihren Geschäftspartnern private Familienangelegenheiten oder die Geschichte Mexikos?

Seite 79

Wieso reden Inder oder Chinesen nicht klar und deutlich über ihre Probleme?

Seite 83/84

6. Ausgewählte Länderprofile

Die Idee der Erstellung von Kulturprofilen ist nicht neu. Bereits im 18. Jahrhundert wurden so genannte Völkertafeln erstellt. Länderspezifische Beschreibungen halfen den Reisenden, sich in der Fremde zu orientieren.
Auch heute bereiten sich Reisende – allerdings eher kurzfristig – auf die fremde Kultur vor.
Um Sie für einige landestypische Verhaltensweisen zu sensibilisieren, wird in den Länderkapiteln auf einige „Dos und Don'ts" eingegangen. Sie liegen über der Wasseroberfläche des Eisbergs. Unterhalb dessen liegen die verdeckten Verhaltensweisen, auf die an dieser Stelle ebenfalls eingegangen wird.

6.1 USA

Begrüßungen mit Vornamen und das direkte Ansprechen in der „Du"-Form sind in den USA üblich.
US-Amerikaner sind in Deutschland von geschlossenen Bürotüren verunsichert. Sie sehen darin unbewusste

Barrieren, die den Verdacht erwecken, dass etwas verborgen wird.

Im Arbeitsalltag führt das Beharren auf der deutschen Pünktlichkeit, das strikte Leben nach einem Kalender und das Organisations- und Ordnungsstreben bei so manchen Amerikanern zu Spannungen. Lebt man doch dort den Pragmatismus und das schnelle informelle Erreichen eines Ziels.

Große Unterschiede zwischen den USA und Deutschland existieren auch in den Rechtssystemen. Sehr umfassend und komplex ist das amerikanische Recht, dessen Gesetze die Aufgaben der Anwälte, Gerichte und Untersuchungsausschüsse regelt. So sind beispielsweise lange und detaillierte Verträge die Regel, an deren Inhalt man gewissenhaft festhält.

Deutsche verschaffen sich im Arbeitsumfeld durch die Kommunikation von Fachwissen Respekt. Amerikaner dagegen sammeln mit ihrer positiven und oft lobenden Kommunikation Sympathiepunkte. In Präsentationen konzentrieren sich Amerikaner auf wesentliche Punkte und gehen nicht auf tiefe Analysen ein. Kritik wird zwischen zwei positiven Aspekten genannt. Deutsche empfinden diese Form von Kritik oft als zweideutig, nicht aufrichtig und ehrlich, belegen sie doch alle Argumente mit tiefgründigen Analysen und Beweisen.

 Der größte Unterschied zwischen den USA und Deutschland liegt in dem großen Sicherheitsbe-

dürfnis der Deutschen und dem ausgeprägten In-
dividualismus der USA.

6.2 Mexiko

Einen großen Einfluss auf die mexikanische Mentalität hat noch heute der Konflikt mit den USA aus den Jahren 1845-46. Die mexikanischen Staaten Kalifornien, New Mexiko, Arizona, Nevada, Utah und Colorado fielen den USA zu. Mexikaner sind sich ihres Azteken-Erbes und dem „Gringo"-Trauma sehr bewusst. Diese formen auch heute noch ihre Werte, Gedanken, Handlungen und Pläne.

Einige mexikanische Werte sind:

- Würde und Ehre des Menschen zu achten
- Absolute Vermeidung von Gesichtsverlust
- Gehorsamkeit gegenüber Autoritäten
- Ausgeprägter Familiensinn und Respekt vor dem Alter
- Ausleben von Emotionen und leidenschaftliche Redegewandtheit
- Gepflegtes Erscheinen und das Streben nach Statussymbolen

Eine mexikanische Führungspersönlichkeit zeichnet sich nicht nur durch eine ausgeprägte dominante Persönlichkeit, das Geburtsrecht und die Vetternwirtschaft aus, sondern auch durch ein weitreichendes Netzwerk von Freunden, Geschäftspartnern und zu Staatsbediensteten. Man hilft sich gegenseitig, um den eigenen Einfluss zu erweitern und um damit die persönliche Position und die des eigenen Unternehmens zu stärken. Keine Bitte wird abgeschlagen; das Revanchieren ist Ehrensache.

Ein Manager erwartet von seinen Mitarbeitern Gehorsam, Respekt und Loyalität. Er darf seine Macht mit dem Stolz eines Machismo zur Schau stellen. Die Mitarbeiter können sich dafür auf seine Unterstützung, Gefälligkeiten und seinen Schutz verlassen. Wird beispielsweise die Familie von einem schmerzlichen Verlust getroffen, so steht der Manager helfend und schützend zur Seite.

Pünktlichkeit ist keine Tugend der Mexikaner. Das „Mañana"-Syndrom, möglicherweise noch ein Relikt aus den Zeiten des maurischen Andalusiens, begegnet einem in allen Lebenslagen.

30 *Es ist in Mexiko durchaus üblich und auch akzeptiert, dass die Mächtigen und Wichtigen ihre Gäste warten lassen. Dafür wird dem Gast dann aber auch ganzes Gehör und alle notwendige Zeit geschenkt. Würde ein schneller Zugang zu einer wichtigen Persönlichkeit nicht dessen Status in Frage stellen?*

6.3 Saudi-Arabien

Die körpernahe Begrüßung zwischen Männern beinhaltet das Ergreifen der rechten Hand. Die linke Hand umfasst die linke Schulter des Gesprächspartners. Der

Austausch von Küssen auf jede Wange ist üblich. Männer begrüßen sich mit Namen und ggf. mit Titel. Sie laufen schon mal Hand in Hand, was ein Zeichen von Freundschaft ist.

Saudische Frauen werden nicht von Männern begrüßt. Westliche Frauen werden von Saudis mit einem Händedruck begrüßt, wenn diese von unseren Begrüßungsritualen wissen. Ein religiöser Muslim drückt hierdurch seinen Respekt und seine Toleranz gegenüber der westlichen Frau aus.

In der arabischen Welt ist die linke Hand unrein. Gesten oder das Überreichen von Geschenken mit der linken Hand sollte daher vermieden werden. Vermeiden Sie ebenfalls, dem Partner beim Sitzen Fußsohlen bzw. Schuhsohlen zu zeigen. Sie gelten als schmutzigstes Körperteil. Der persönliche Abstand zwischen Gesprächspartnern ist deutlich näher als in der westlichen Welt. Auch die Gesprächsdynamik ist schneller und lauter. Viele Themen werden spontan angeschnitten, wieder fallen gelassen, um sie später wieder aufzunehmen.

- In arabischen Ländern stellt die Großfamilie eine soziale Einheit dar. In westlichen Ländern ist es der Einzelne bzw. die Kernfamilie, welche die soziale Einheit bildet.

- In westlichen Ländern vertraut man der Organisation und baut auf Institutionen. In arabischen Ländern vertraut und glaubt man an Menschen (die von Allah geführt werden).

- In westlichen Ländern ist man mit einem Freund in

guter Gesellschaft. In arabischen Ländern geht man mit einem Freund eine sehr enge persönliche Bindung ein. Man verweigert ihm keinen Wunsch. Ebenso wird kein – eigener – Wunsch abgewiesen.

- Arabische Gastfreundschaft ist überschwänglich.
- In westlichen Ländern erfolgt die Informationsweitergabe knapp und zielorientiert. In arabischen Ländern hingegen wird Information sehr gerne und umfangreich weitergegeben. Das eigene weitreichende Beziehungsnetzwerk wird angesprochen.
- In arabischen Ländern sind Start und Ende von Besprechungen fließend. Schmeicheleien und Lob sind in arabischen Ländern üblich. Kritik erfolgt indirekt und sehr vorsichtig – wenn überhaupt.

Die Trennung zwischen Staat und Kirche, die wir in westlichen Ländern antreffen, erfolgt zumeist nicht in islamischen Ländern.

In multiaktiven Ländern werden viele Dinge zur gleichen Zeit gemacht. So können die Gesprächspartner z. B. in Besprechungen reden, dabei extrem gestikulieren, Telefonate beantworten oder von Menschen unterbrochen werden. Genannte Start- und Endzeiten sind variabel und dienen nur der Orientierung.

Zeigen Sie Ihrem Geschäftspartner, dass Sie speziell mit ihm als Mensch ins Geschäft kommen wollen und dass Sie an ihm interessiert sind und ihm vertrauen.

6.4 Indien

Im Jahre 1947 hinterließ die Britische Krone ihren sozialen und kulturellen Einfluss in Indien. Nicht nur die englische Sprache, sondern auch Kricket, Tee, militärische Tradition, eine Elite, die in Oxford und Cambridge studiert hat, die Anerkennung für den Schutz von Reichtum und Titeln, eine demokratische Regierungsform neben umfangreichen Staatsdiensten und ein Rechtssystem sind britische Hinterlassenschaften, um nur einige zu nennen.

Heute sind die meisten Inder Hindus. Körperkontakt in der Öffentlichkeit wird vermieden. Der Körperabstand zwischen Sprechenden beträgt im Durchschnitt 90 cm.

30

In kollektivistischen Kulturen werden Entscheidungen, welche einen betreffen, mit dessen Familie, Arbeitsgruppe oder betroffener sozialer Gruppe abgestimmt und dann auch von diesen (mit-)getragen. Der Einzelne ist ebenso wichtig wie das Lebensumfeld, in dem er sich bewegt. Entscheidungen im beruflichen Umfeld werden auf oberster hierarchischer Ebene gefällt, wobei das mittlere Management vor den Entscheidungen gehört wird.
Inder akzeptieren oft die eigene Stellung in der Gesellschaft, der Kaste und Organisation. Ein Verhalten entgegen dieser Stellung, z. B. das Streben nach einer höheren Position im Unternehmen, wird eher ungern gesehen.

Um das eigene Gesicht zu wahren und das Gesicht des Partners, wird ein klares und direktes „Nein" vermieden. Kann ein Arbeitsauftrag oder eine Einladung nicht angenommen werden, wird der Inder seine Ablehnung indirekt mitteilen und z. B. mit dem Satz „Ich werde es versuchen" antworten.

Eine Geschäftsbeziehung beruht auf einer engen persönlichen Beziehung, gegenseitigem Respekt und Vertrauen. Entgegen dem deutschen Sprichwort „Nicht geschimpft ist genug gelobt!" wird in Indien viel und gerne gelobt und Kritik eher vermieden. Entgegen der westlichen Einstellung ist Zeit kein knappes Gut, aber Privatsphäre gönnt man sich selten. Man genießt den stetigen Kontakt mit Verwandten, Freunden und Bekannten, wobei man gegenüber Freunden mögliche Trauer oder Enttäuschung ohne Hemmungen zeigt.

6.5 China

Von Natur aus sind die Menschen gleich.
Durch ihre Gewohnheiten werden sie verschieden.
Konfuzius (551-471 v. Chr.)

Bei den Chinesen ist es so: Auf Visitenkarten steht an erster Stelle der Familienname. Dies weist bereits auf die Bedeutung der eigenen Gruppe und der eigenen Gruppenzugehörigkeit hin. Nach dem Nachnamen werden dann der westliche und der chinesische Vorname genannt.

Das Verhalten, das der Vermeidung des eigenen Gesichtsverlusts oder dem Gesichtsverlust des Partners dient, empfinden wir oft als sehr merkwürdig und unerklärbar.

So kann es geschehen, dass offensichtlich falsche Aussagen gemacht werden, die wir Deutsche als Lüge ansehen. Wir sind es gewohnt, auch negative Situationen und Kritik auszusprechen und offen darüber zu reden. Ein Beispiel: Ein Deutscher ist zur Abnahme neuer Büroräume nach China gereist. Sein Terminvorschlag zur Abnahme der Büroräume wurde ihm per E-Mail aus China bestätigt. Man habe sich die Woche für seinen Besuch reserviert. Vor Ort stellt der Deutsche fest, dass weder Elektrik noch Teppichbodenplatten verlegt sind. Sein chinesischer Partner erklärt ihm, dass der LKW, der die Kabel und Bodenplatten transportiert, momentan in Reparatur ist. Der Deutsche wundert sich, da im Hof einige LKWs stehen, welche das fehlende Material transportieren könnten. Als er dem Partner den Vorschlag macht, einen dieser LKWs zu benutzen, erwidert dieser, dass alle bereits ausgebucht sind. Noch mehr wundert sich der Deutsche, als er in einer Ecke der Lagerhalle die fehlenden Bodenplatten und Kabel entdeckt. Da er sich darüber bei seinem chinesischen Partner direkt empört, erfährt er nicht, dass die falschen Bodenplatten bestellt wurden und ans Werk zurückgeschickt werden sollen. Der chinesische Ansprechpartner ist am nächsten Tag ganz unerwartet für den Deutschen nicht zu sprechen. Auch an den folgenden Tagen kann er sich leider nicht um den Deutschen kümmern.

Einige Verhaltensunterschiede im Arbeitsumfeld:

Aufgabenorientierung (Tendenz in Deutschland)	Personenorientierung (Tendenz in China)
Konzentration auf technische Aspekte.	Konzentration auf Beziehungen im Arbeitsumfeld.
Wenig Small Talk; Abstand von persönlichen Fragen.	Sehr viel Small Talk; großes Interesse am Menschen selbst.
Kunden bleiben beim Produkt, auch wenn der Verkäufer wechselt.	Kunden bleiben beim Verkäufer, auch wenn dieser die Firma wechselt.
Ergebnisse haben eine höhere Priorität als Harmonie und Gesichtswahrung.	Ergebnisse resultieren aus Harmonie und Gesichtswahrung.
Fachleute und Experten sind wertvolle Menschen. Abstand zu Menschen, die nicht ein herausragendes Wissen oder Können haben.	Menschen mit großem Netzwerk sind wertvoll. Abstand von Menschen, die nicht loyal sind.

Quelle: U./Tauber, T./Yuan, X., China–Wirtschaftspartner zwischen Wunsch und Wirklichkeit, Ueberreuter, Wien, 1997, S. 306

- *Beachten Sie die Geschichte eines Landes. Sie prägt die Werte, die heute gelebt werden.*
- *Registrieren Sie genannte Sprichworte. Auch diese verkörpern gelebte Werte.*
- *Sensibilisieren Sie sich für Situationen, Handlungen oder Verhaltensweisen, die nicht Ihrem erwarteten Muster entsprechen, und hinterfragen Sie diese.*

30

Fast Reader

1. Die interkulturelle Herausforderung

30

- *Kulturelle Unterschiede haben Auswirkungen auf die Kommunikation, auf Managementpraktiken, Arbeitseinstellungen oder Verhandlungsführungen.*
- *Kultur ist mit einem Eisberg vergleichbar. Konflikte entstehen zumeist unterhalb der Wasseroberfläche, d. h. im Bereich der Werte, Verhaltensweisen und Glaubenssätze.*
- *Grundmuster kulturbedingter Verhaltensweisen werden in der Kindheit gelernt.*
- *Die Realität des Partners muss erfasst werden, damit dessen Handlungen und Hintergedanken richtig verstanden und Fehlinterpretationen vermieden werden.*

2. Interkulturelle Kompetenz

*Die meisten Probleme in der internationalen Zu-
sammenarbeit entstehen nicht dadurch, dass die
Partner zu wenig voneinander wissen, sondern
dass sie zu wenig Kenntnisse und Einsichten über
sich selbst und ihre eigenen Werte, Normen, Wahr-
nehmungs-, Denk-, Urteils-, Verhaltensregeln und
Alltagsgewohnheiten haben. Sie sind sich ihrer
Wirkung auf Mitmenschen nicht bewusst. So reagieren ausländische Partner oft mit Unverständnis, wenn sie an Deutschen immer wieder befremdliche Verhaltensweisen beobachten.*

3. Kommunikation und Ausdruck im interkulturellen Alltag

*Wie eng man mit einem Mitmenschen in Kontakt
kommen darf, hängt auch sehr von den kulturbedingten Gegebenheiten ab. In den USA und
Deutschland kann man für gewöhnlich von dem
Abstand einer Armlänge zwischen zwei Gesprächspartnern ausgehen. In lateinamerikanischen Ländern ist der Körperabstand wesentlich
näher. Gegenseitige Berührungen sind üblich. In
manchen Ländern berühren sich nur Frauen ge-*

genseitig in der Öffentlichkeit, in anderen Kulturen nur Männer.

- Achten Sie auf nonverbale Signale führender Persönlichkeiten.
- Versuchen Sie über Beobachtungen und Vergleiche eine Orientierung zu erhalten.
- Achten Sie auf das Sprechmuster Ihres Partners, den Kontext und die Betonung.

4. Test: Selbsteinschätzung

30 Beachten Sie, dass Menschen in Organisationseinheiten nicht nur durch ihre Kultur geprägt sind. Auch die Unternehmenskultur trägt wesentlich zur Verhaltensformung bei. Bei der Leitung internationaler Projekte und der Führung internationaler Mitarbeiterteams darf der interkulturelle Kontext nicht ignoriert werden. Kultur ist ein Strategiefaktor.

5. Interkulturelle Wirtschafts- kommunikation

30
- Interkulturelle Konflikte können auf unterschiedlichen Denk- und Sprachmustern, Lebens- und Arbeitsgewohnheiten beruhen.
- Die Erwartungshaltungen von Zuhörern in Prä-

sentationen, die strukturellen Abläufe in Mee-
tings, die Führungserwartungen, das Arbeiten
in Teams können kulturbedingt sehr unter-
schiedlich sein.

6.   Ausgewählte Länderprofile

- *Beachten Sie die Geschichte eines Landes. Sie
  prägt die Werte, die heute gelebt werden.*
- *Registrieren Sie genannte Sprichworte. Auch
  diese verkörpern gelebte Werte.*
- *Sensibilisieren Sie sich für Situationen, Handlungen oder Verhaltensweisen, die nicht Ihrem
  erwarteten Muster entsprechen, und hinterfragen Sie diese.*

30

Antworten

Kapitel 1. Was ist Kultur? Der Eisberg:

Folgende Aspekte sind im sichtbaren Teil des Eisbergs:
1., 7., 11., 12., 15., 16., 19., 20., 23., 24., 25.
Folgende Aspekte sind im unsichtbaren Teil des Eisbergs:
2., 3., 4., 5., 6., 8., 9., 10., 13., 14., 17., 18., 21., 22.

Kapitel 3: „Ein deutscher Vertriebsmanager in Japan."

Aufgrund einer Fehlinterpretation gab der Deutsche eine Preisreduktion. Reaktive Kulturen drücken sich oft in subtiler nonverbaler Kommunikation aus. Ein kaum wahrnehmbares „oh", „ha" oder „e" eines Japaners ist weit häufiger ein Zeichen von Einverständnis als das Lächeln, welches wir Deutsche als Zustimmung wahrnehmen.

Kapitel 3: „Der Amerikaner und der Deutsche."

Die aufrechte Haltung des Deutschen signalisiert für gewöhnlich geistige Anwesenheit, Ernsthaftigkeit und die Wichtigkeit der Sache. Entscheidungen werden lange überdacht.
Mit der Haltung und den lockeren Bemerkungen versucht der Amerikaner Steve Brown, der Situation die Strenge und Ernsthaftigkeit zu nehmen. Er möchte bei einer Entscheidung ein gutes Gefühl haben. Beide Geschäftspartner interpretieren die Körpersprache des anderen falsch.

Kapitel 3: „Ein Inder in Deutschland."

In manchen Teilen Indiens ist Körperkontakt in der Öffentlichkeit verpönt. Man zeigt die Zuneigung zueinander nur innerhalb der Familie.

Die Autorin

Susanne Doser, Diplom-Betriebswirtin (BA), Abschluss in Betriebspsychologie und NLP-Master.

Kaum ein Ereignis ist so schwierig zu meistern, wie der Schritt ins Ausland. Mit ihren Auslandserfahrungen in Belgien und Mexiko ist sie diese Schritte zwei Mal gegangen.

Seit 1995 betreut sie Gäste aus aller Welt und ist seit 1998 mit der Firma ALL AROUND THE WORLD im Bereich interkulturelle Seminare, Beratung, Relocation und als Hochschuldozentin tätig. Bei ihrer Arbeit greift sie auf ein weltweites Partnernetzwerk zurück.

Mit Trainings, Vorträgen und Präsentationen vor Menschen aus über 45 verschiedenen Ländern, weiß sie sich in den jeweiligen Kulturen angemessen und erfolgreich zu bewegen.

Wie Sie Ihren Umgang mit Menschen anderer Kulturen bei informellen und geschäftlichen Anlässen noch effektiver gestalten können, darüber informiert Frau Doser in ihren Seminaren und in diesem Buch.

www.all-around-the-world.de
Susanne Doser

Literaturverzeichnis

- EL KAHAL, S., Introduction to International Business, Berkshire 1994

- GORSKI, M., Gebrauchsanweisung für Deutschland, München 1996

- HOFSTEDE, G., Lokales Denken, globales Handeln, München 2001

- LEWIS, R. D., When Cultures Collide, London 2002

- SCHROLL-MACHL, S., Die Deutschen – Wir Deutsche, Fremdwahrnehmung und Selbstsicht im Berufsleben, Göttingen 2002

- TAUBER, T., REISACH, U., YUAN, X., China – Wirtschaftspartner zwischen Wunsch und Wirklichkeit, Ueberreuter, Wien, 1997.

- UNGER, K. R., Internationale Kommunikationspolitik, in: Krystek/Zur (Hrsg.): Internationalisierung. Eine Herausforderung für die Unternehmensführung, Berlin 1997

Stichwortregister

Alle Länder (außer Deutschland)